Bibliografische Information der Deutschen Nationalbibliothek:

Die Deutsche Bibliothek verzeichnet diese Publikation in der Deutschen National-
bibliografie; detaillierte bibliografische Daten sind im Internet über http://dnb.d-
nb.de/ abrufbar.

Impressum:

Copyright © 2016 GRIN Verlag
Druck und Bindung: Books on Demand GmbH, Norderstedt Germany
ISBN: 9783668663145

Dieses Buch bei GRIN:

https://www.grin.com/document/416310

Joey Lukas

"A bacterium that degrades and assimilates poly(ethylene terephthalate)". Vom Fachartikel zum Unterrichtsentwurf

Unterrichtsreihe für den Biologieunterricht in der Oberstufe mit dem Thema "Plastikmüll im Ökosystem Meer"

GRIN Verlag

Universität Koblenz-Landau; Campus Koblenz

FB 3: IfIN Abteilung Biologie

Master of Education

Modul 12.1 Fachdidaktik II

"A bacterium that degrades and assimilates poly(ethylene terephthalate)"

Vom Fachartikel zum Unterrichtsentwurf

Hausarbeit

Sommersemester 2016

Joey Lukas

Inhaltsverzeichnis

1. Name der Unterrichtseinheit

Der Name der Unterrichtseinheit ist „Plastikmüll im Ökosystem Meer". In der vorliegenden Unterrichtseinheit sollen Möglichkeiten der Vermeidung und der Lösung der Umweltverschmutzung durch Plastikmüll behandelt werden. Die Unterrichtseinheit ist auf Basis des englischen Fachartikels „A bacterium that degrades and assimilates poly(ethylene terephthalete)" konzipiert worden, der dieses Jahr durch das Forscherteam um Shosuke Yoshida im Science Magazin veröffentlich wurden.

2. Einbindung in den Lehrplan

Die Unterrichtseinheit ist konzipiert für einen Oberstufenkurs der Jahrgangsstufe 12 im Leistungsfach Biologie. Der zu Grunde liegende Fachartikel bietet Anknüpfungspunkte an die Themen Stoffwechsel (Leitthema 2), Ökologie (Leitthema 3), Genetik (Leit-thema 5) und Evolution (Leitthema 6). Der Themenschwerpunkt Kunststoff als anthropogener Faktor der Umweltverschmutzung bietet sich an, um im Rahmen des Leitthemas 3 „Umwelt und Innenwelt lebender Systeme" den Umweltschutz anzusprechen. Kombiniert werden hierfür die zwei Pflichtbausteine „Umweltschutz vor Ort" und „Mensch und Biosphäre" mit dem Wahlpflichtbaustein „Aquatische Ökosysteme". Im Pflichtbausteine „Umweltschutz vor Ort" werden Einblicke in Tätigkeiten des Menschen gegeben, welche Ökosysteme stören, aber auch verantwortungsbewusst erhalten können. Die Notwendigkeit des technischen Umweltschutzes und ihrer Grenzen am Beispiel der Abfallentsorgung und des Recyclings werden behandelt (MBWW 1998). Der Wahlpflichtbaustein „Aquatische Ökosysteme" wurde aufgrund der Lage der Universität Koblenz in Nähe der Mosel gewählt. Hier wird der Lebensweltbezug des Themas zu den SuS bzw. zu den Studierenden hergestellt. Nach Behandlung des lokalen Ökosystems und dessen Grundlagen gelingt die Verknüpfung zur globalen Vernetzung von Ökosystemen (zweiter Pflichtbaustein): Die Mosel fließt in den Rhein und dieser mündet in die Nordsee. So kann das Gefahrenpotential von Plastikmüll für die Weltmeere angegliedert werden.

3. Lehr- und Lernvoraussetzungen

Der Leistungskurs im Fach Biologie am Ende der Jahrgangsstufe 12 hat bisher die Grundlagen der Themenbereiche 1 (Struktur und Funktion lebender Systeme) und 2 (Stoffwechsel und Energiefluss lebender Systeme) behandelt. Weiterhin kann auf das in der Mittelstufe erworbene Fachwissen der SuS bezüglich der Themen Ökologie, Evolution und Genetik zurückgegriffen werden. Innerhalb der konzipierten Unterrichtsreihe befindet sich die geplante praktische Umsetzung des Fachartikels an deren Ende. Die SuS haben am Beispiel der Mosel das Ökosystem Fluss kennengelernt. Sie können dieses Ökosystem zonal unterteilen und kennen ausgewählte Vertreter aus allen Bereichen des Nahrungsnetzes. Sie verstehen die Trophieebenen im Sinne des Energieflusses und deuten intra- sowie interspezifische Konkurrenz und Räuber-Beute-Beziehungen. Im Rahmen einer praktischen Arbeit kann die Wasserqualität der Mosel in Koblenz bestimmt werden, indem Sauerstoff- und Mineralstoffgehalt einer Wasserprobe untersucht und ausgewählte Organismen bestimmt werden. Der Themenbereich Umweltverschmutzung und Umweltschutz wird am Beispiel des Ökosystems Meer eingeführt. Hier wird vorrangig auf die Gefährdung durch Plastikmüll eingegangen. Die SuS wissen, dass in fünf großen Müllstrudeln in den Weltmeeren Tonnen von Müll kreisen, davon 75% Plastikmüll. Sie haben die Problematik des Mikroplastiks und dessen Akkumulation über das Nahrungsnetz erarbeitet. Weiterhin wurden die von Makroplastik ausgehende Gefahren für Lebewesen thematisiert (Schildkröten fressen Plastikfolien oder –tüten, Meeressäuger verenden in Geisternetzen, Sturmvögel fressen Plastik und verenden daran, weil sie keine Nahrung mehr aufnehmen können). Zum Ende der Unterrichtsreihe sollen Lösungsmöglichkeiten erarbeitet und diskutiert werden, wie die Umweltbelastung durch Plastikmüll reduziert werden kann. Neben dem Kernergebnis der Müllvermeidung soll über den Fachartikel „A bacterium that degrades and assimilates poly(ethylene terephthalate)" (SHOSUKE 2016) aktuelle Forschungsergebnisse hinsichtlich ihrer Bedeutung für den Umweltschutz interpretiert werden.

4. Methodische Analyse

Der Einstieg in die Unterrichtseinheit wird mittels der Problemfindung durch Provokation geleistet (KILLERMANN 2011). Die SuS werden gebeten, ihre Trinkflaschen für alle sichtbar vor sich auf den Tisch zu stellen. Erwartet wird eine deutliche Präsenz von PET-Plastiktrinkflaschen. Die Provokation wird nun erreicht, indem die Lehrkraft eine Wasserflasche aus Glas auf das Lehrerpult stellt. Die SuS stellen fest, dass der Anteil an PET-Flaschen überwiegt und arbeiten die Gründe heraus, indem sie Vor- und Nachteile von Plastiktrinkflaschen gegenüber den Glasflaschen zusammentragen. Die Methode der Provokation zielt darauf ab, das Interesse der SuS zu wecken und zu einer höheren Motivation und Mitarbeit anzuregen. Durch diese Einleitung wird deutlich, wie eng Plastik mit der Lebenswelt der SuS verknüpft ist. Um von der Einleitung auf das globale Thema überzuleiten folgt ein gelenktes Unterrichtsgespräch in fragend-entwickelnder Form (KILLERMANN 2011). Dieses wird durch eine Diashow mit Bildern entwickelt und geführt. Die SuS stellen ihre Überlegungen im Plenum vor. Anstelle des Wechselgesprächs (Frage-Antwort-Spiel) zwischen der Lehrkraft und den SuS soll ein Kettengespräch angeleitet werden, in dessen Verlauf sich die SuS gegenseitig aufrufen, sodass die Lehrkraft in den Hintergrund treten kann. Diese Unterrichtsform verlagert den Schwerpunkt vom stark instruierenden Tätigsein der Lehrkraft hin zu einem mehr schülerzentrierten Vorgehen. Die SuS sind in das Unterrichtsgeschehen einbezogen und erscheinen nicht ausschließlich aufnehmend-passiv. Auf diese Weise werden die SuS zu einer lebhaften Mitarbeit angeregt (KILLERMANN 2011). Die große Gefahr eines offenen Unterrichtsgesprächs ist das Abdriften bzw. das Nichterreichen der von der Lehrkraft gewollten Lernziele. An diesen Stellen muss die Lehrkraft ggf. mit kleinen Impulsen eingreifen, um die SuS wieder sanft in Richtung des gewollten Lernzieles zu lenken. Durch den Einsatz der Diashow wird ein Verlaufsrahmen vorgegeben, ohne dass sich die Lehrkraft mit Impulsen einmischen muss. Das Unterrichtsgespräch kann so möglichst schülerzentriert bleiben.

Im nächsten Schritt wird den SuS eine deutsche Zusammenfassung des englischen Fachartikels vorgelegt, zum Beispiel:

http://www.chemie.de/news/157251/bahnbrechende-entdeckung-des-ersten-kunststoffabbauenden-bakteriums.html (Stand: 25.10.2016).

Die SuS bearbeiten diesen Text in Einzelarbeit und fassen die Ergebnisse der Forschungsgruppe zusammen. Diese bilden die Basis für die anschließende Methode: Think-Pair-Share. In der ersten Phase (Think) bearbeiten die SuS in Einzelarbeit eine Aufgabenstellung und notieren sich ihre Ergebnisse stichpunktartig. In der zweiten Phase (Pair) vergleichen und ergänzen die SuS ihre Ergebnisse in Partnerarbeit. In der letzten Phase (Share) stellen die SuS die gemeinsamen Ergebnisse in einer Großgruppe oder im Plenum vor. Die Methode Think-Pair-Share unterstützt im besonderen Maße die Entwicklung des sozialen Lernens und kann zu einer verbesserten Wissensspeicherung beitragen (BÖRSCH 2002). Für die Unterrichtseinheit wird die Methode um eine Phase erweitert. Nach der zweiten Phase (Pair) erstellen die SuS ein Thesenpapier, in dem die Möglichkeiten der Entdeckung von *Ideonella sakaiensis* abgewogen werden. Dieses Thesenpapier stellen die Gruppen dann in der letzten Phase (Share) dem Plenum vor. Die Think-Pair-Share Methode ermöglicht es, den Unterricht stark schülerzentriert zu gestalten. Durch den gezielten Wechsel der Sozialform von Eigenarbeit über Partner- und Gruppenarbeit bis zur Plenumsrunde werden alle SuS eingebunden. Die Unterrichtseinheit gipfelt in der Präsentation des gruppeneigenen Lernprodukts vor dem Plenum.

5. Didaktische Analyse

Im Zentrum der Unterrichtskonzeption steht der Fachartikel, der die Forschungsergebnisse von Shosuke Yoshida zusammenfasst. Die Aktualität der wissenschaftlichen Forschung (Veröffentlichung im Jahr 2016) begründet die Bildungsrelevanz des ausgewählten Themas. Die Problematik von Plastikmüll im Meer stellt eine große Belastung des Ökosystems dar. Makroplastik führt zu Tiersterben, während sich Mikroplastik über die Nahrungskette akkumuliert und somit ein direktes Gefährdungspotential für den Menschen darstellt. Sowohl Makro- als auch Mikroplastik sammelt sich an Stränden und touristisch frequentierten Orten an. Um diese Abschnitte von Plastikmüll zu säubern wird ein erheblicher finanzieller Einsatz geleistet. Diese Punkte erfüllen die Gesellschaftsrelevanz des ausgewählten Themas. Die Schülerrelevanz wird durch den Stundeneinstieg entwickelt. Die SuS erfahren, wie weit PET-Plastikflaschen verbreitet sind. Sie erkennen den praktischen Vorteil, den die PET-Flaschen bieten, aber auch den ökologischen Nachteil gegenüber Glasflaschen. Auf diese Weise sensibilisiert wird ihnen der hohe Anteil an Plastik in alltäglichen Konsumgütern bewusst (Anschaulichkeit). Diese Erkenntnis ermöglicht es den SuS für sich selbst zu entscheiden, inwieweit sie sich ökologisch nachhaltig und bewusst verhalten können und wollen. Plastikmüll am Beispiel von PET-Flaschen wird exemplarisch für das Umweltproblem Müll gewählt. Kunststoffe bieten die Möglichkeit, dieses Thema interdisziplinär zu bearbeiten. In Kooperation mit der Lehrkraft im Chemiekurs können Struktur-Eigenschafts-Beziehungen von Polymeren besprochen werden, die vielfältigen Einsatzgebiete von Polymeren behandelt und die Möglichkeiten Kunststoffe zu verwerten oder zu recyceln angesprochen werden. In den gesellschaftswissenschaftlichen Fächern kann auf die globale Nutzung und Verbreitung von Plastik eingegangen werden. Ein weiterer Ansatz bieten fossile Rohstoffe als Ausgangsstoffe für Energiegewinnung und für die Petrochemie. Eng damit verknüpft ist die Freisetzung von Kohlenstoffdioxid als klimarelevantes Treibhausgas.

6. Kompetenzentwicklung

Der Begriff der Kompetenz als zentrales Element der Bildung hat im Zuge der Neuentwicklung der Lehrpläne im direkten Zusammenhang mit der Implementierung von Bildungsstandards stark an Bedeutung gewonnen. Für die Begriffsdefinition bezieht sich die Kultusministerkonferenz auf die Definition nach Weinert. Dieser beschreibt Kompetenzen als „die bei Individuen verfügbaren oder durch sie erlernbaren kognitiven Fähigkeiten und Fertigkeiten, um bestimmte Probleme zu lösen, sowie die damit verbundenen motivationalen, volitionalen und sozialen Bereitschaften und Fähigkeiten, um die Problemlösungen in variablen Situationen erfolgreich und verantwortungsvoll nutzen zu können" (WEINERT 2001, S. 27). Für das Fach Biologie können vier Kernkompetenzbereiche formuliert werden: Fachwissen, Methodenkompetenz

(Erkenntnisgewinn), Kommunikation und Bewertungskompetenz. Im Verlauf der Unterrichtsreihe wurde das Leitthema Ökologie fachwissenschaftlich behandelt. In der aktuellen Unterrichtseinheit wird die Kompetenz Fachwissen durch die Bearbeitung des Fachartikels angesprochen. Durch den Einsatz verschiedener Methoden konnten sie SuS ihre Methodenkompetenz erweitern (Erkenntnisgewinn). So wurde im Rahmen des Ökosystem Fluss eine Analyse der Wasserqualität in Schülerversuchen erstellt und durchgeführt und Wasserproben mikroskopisch untersucht. Die aktuelle Unterrichtseinheit zielt primär auf eine Förderung der Bewertungskompetenz ab. Die Herstellung von Kunststoffen basiert auf der Petrochemie, hängt also von fossilen Rohstoffen ab. Der große Vorteil dieser Werkstoffe ist die breite Variabilität der Eigenschaften, die ein weites Anwendungsgebiet eröffnet. Für jedes Produkt kann ein Polymer mit genau den erwünschten Eigenschaften geschaffen werden. Die SuS erarbeiten die unzähligen Vorteile der Polymerchemie. Anthropogen entwickelte Polymere sind Makromoleküle, die nicht natürlich in der Umwelt vorkommen. Daher existieren wenige bzw. keine Enzyme, die diese abbauen können. Plastikmüll, der in die Umwelt freigesetzt wird, stellt ein großes ökologisches Problem dar. Der Werkstoff Plastik bringt viele Vorteile, ist jedoch durchaus kritisch zu betrachten. Die Entdeckung des Forscherteams um Shosuke Yoshida eröffnet völlig neue Möglichkeiten. Mit *Ideonella sakaiensis* wurde ein Organismus beschrieben, der durch Evolution in einem PET-belasteten Biom die genetischen Voraussetzungen entwickelt hat, um ein 1941 erstmals synthetisiertes anthropogenes Polymer, das Polyethylenterephthalat, zu verstoffwechseln. Im Rahmen der Bewertungskompetenz sollen die SuS Vorteile und Nachteile von Plastik kritisch hinterfragen. Sie verstehen die Problematik von Plastikmüll in Ökosystemen und überlegen Lösungsstrategien vor allem im Bereich der Müllvermeidung. Zum Abschluss der Unterrichtseinheit bewerten die SuS die Möglichkeiten, die sich aus der Entdeckung des enzymatischen Abbaus von PET durch *I. sakaiensis* ergeben. Durch die Methode Think-Pair-Share wird zusätzlich die Kommunikationskompetenz entwickelt und der soziale Umgang trainiert. In der Formulierung des Thesenpapiers sowie in der Diskussion müssen Fachsprache richtig verwendet werden und Gedanken und Ergebnisse verständlich formuliert werden.

7. Unterrichtsplanung und Durchführung

Klasse: LK Bio 12 **Thema:** Plastikmüll im Ökosystem Meer
Geplanter Stundenverlauf:

Phasierung	Lernprozess	Sozial-form	Steuerung	Zeit [min]
Problemstellung entdecken	*Die Sus werden gebeten, ihre Trinkflaschen offen vor sich auf den Tisch zu stellen. Zur Provokation stellt die Lehrkraft eine Trinkflasche aus Glas auf das Lehrerpult. Die SuS stellen fest, dass der Anteil an PET-Flaschen überwiegt und arbeiten die Gründe heraus, indem sie Vor- und Nachteile von Plastiktrinkflaschen gegenüber den Glasflaschen zusammentragen.*	*UG*	*Problemfindung durch Provokation Material: Glasflasche*	6
Vorstellungen entwickeln	*Die SuS wiederholen und reflektieren ihr Vorwissen über die Umweltproblematik von Plastikmüll im Meer und erkennen den Vorteil von Plastik für den Anwender in Kontrast zur Umweltgefährdung.*	*UG*	*Material: Bildershow (Müllstrudel, PET Flaschen, Geisternetz, Sturmvogel) Kettengespräch*	9
Informationen auswerten	*Die SuS bearbeiten eine deutsche Zusammenfassung des englischen Fachartikels und fassen die Ergebnisse des Forscherteams zusammen.*	*EA*	*Material: Arbeitsblatt*	15
Lernprodukt diskutieren	*„Bewerten Sie die Neuentdeckung von I. sakaiensis als Lösung des Problems Plastikmüll im Meer"* *Die SuS notieren stichpunktartig Überlegungen, inwiefern die Entdeckung der Arbeitsgruppe dazu beitragen kann, das Umweltproblem Plastik zu lösen.* *Die SuS vergleichen paarweise ihre Ergebnisse und formulieren Pro- und Kontraargumente.* *Die SuS entwerfen für einen fiktiven internationalen Meeresgipfel ein Thesenpapier, in dem die Möglichkeiten der Neuentdeckung abgewogen werden.*	*EA* *PA* *GA*	*Think-Pair-Share*	30
Lernzugewinn definieren	*Die SuS präsentieren gruppenweise ihr erstelltes Thesenpapier. Sie stellen die Möglichkeiten der Neuentdeckung PET-abbauender Enzyme in Hinblick auf das Umweltproblem Plastikmüll vor. Als Vorsitzende des fiktiven Meeresgipfels entscheiden sie, ob die Forschung mit Fördergeldern subventioniert werden soll.*	*PD*	*Personell: moderierend (falls nötig)*	30

<u>Abkürzungen (Sozialform)</u>: UG: Unterrichtsgespräch, LV: Lehrervortrag; EA: Einzelarbeit; GA: Gruppenarbeit, PA: Partnerarbeit; PD: Plenumsdiskussion; SÜ: Schülerexperiment; DE: Demonstrationsexperiment, etc.

8. Diskussion über den Erfolg der Praxiseinheit

Im Seminar wurde die Methode Think-Pair-Share praktisch angewendet. Im Vorfeld wurde der Originalartikel durch eine bildgestützte Präsentation als Lehrervortrag vorgestellt. In Anbetracht der verfügbaren Zeit wurde die für die Unterrichtseinheit geplante Aufgabenstellung jedoch modifiziert. So blieb der Arbeitsauftrag in der Einzel- und Partnerarbeit gleich. In der Gruppenarbeitsphase sollten die Studierenden das Thesenpapier lediglich mündlich zusammentragen. In der anschließenden Plenumsdiskussion bezogen einzelne Gruppen Stellung, ob sie dem Meeresgipfel anraten würden, die Forschungsarbeit zu subventionieren und begründeten ihre Entscheidung. Alle Gruppen sprachen sich für eine Subventionierung der Forschung aus. Diskutiert wurde vor allem die Nutzung der Mikroorganismen in Bioreaktoren, wobei eine Möglichkeit gefunden werden muss den metabolische Prozess gezielt zu unterbrechen, um den energetischen Abbau der Monomere zu verhindern und diese erneut für die Synthese von PET einsetzen zu können. Kritisch gesehen wurde der Einsatz der Bakterien direkt im Ökosystem. Überlegt wurde auch, inwieweit die Bakterien in Kläranlagen integriert werden können, um anfallendes Mikroplastik (z.B. PET Mikrofasern aus der Wäsche von Kunstfaserprodukten wie Fleece Jacken) abzubauen. Im Plenum entstand außerplanmäßig eine lebhafte Diskussion über Recyclingverfahren von Plastik (Wiederverwendung des Polymers, Recycling durch Rückführung in Monomere und thermische Verwertung) und über aktuelle Methoden der Müllentfernung aus dem Meer. Weiterhin wurde die Effizienz des Pfandsystems für Glas- sowie PET-Flaschen hinterfragt. Dieses funktioniert in Deutschland sehr gut, wobei für die Produktion einer neuen PET-Flasche nur maximal 33% des PET-Granulats aus Alt-PET-Flaschen eingesetzt werden kann. Das übrige Granulat wird nach China verschifft um dort in Kunstfasern Verwendung zu finden.

Die Feedbackrunde fiel überwiegend positiv aus. Die Praxiseinheit sei spannend gestaltet gewesen und rege zur Mitarbeit an. Das Thema war schüler- bzw. studierendennah und interessant. Am Lehrervortrag wurde das seriöse Auftreten und die freie Sprachweise gelobt. Kritisiert wurde ein zu hoher Bewegungsumfang („zu tänzelnd") und eine deutlich zu schnelle Sprechweise. Der Präsentation läge ein erkennbarer roter Faden zugrunde, sodass ihr gut gefolgt werden konnte. Als positiv befunden wurde auch die Begeisterung des Referenten an dem Thema, die er auf das Auditorium übertragen konnte. Die Präsentation wurde vorwiegend positiv bewertet. Hervorgehoben wurden ein guter Folienaufbau, die gute Aufarbeitung des Fachartikels und der Einsatz von emotional ergreifenden Bildern. Als Verbesserungsvorschlag wurde das Einbringen von mehr Bildern in die Vorstellung des Fachartikels genannt. Der Arbeitsauftrag der Einzelarbeit wurde zugunsten einer Folie mit zusätzlichem Informationsmaterial ausgeblendet. Diese Informationen hätten im Verlauf der Präsentation gegeben werden können, sodass der Arbeitsauftrag für die Zeit der Bearbeitung dauerhaft lesbar gewesen wäre. Als didaktische Anregung wurde eine intensivere Behandlung der Maßnahmen vorgeschlagen, wie Plastikmüll vermieden werden kann.

Literaturverzeichnis

12

Bücher

Börsch, Manfred (2002) Unterrichtsmetoden – kreativ und vielfältig. Basiswissen Pädagogik. Unterrichtskonzepte und –techniken. Schneider-Verlag. Baltmannsweiler

Killermann, Wilhelm et al. (2011) Biologieunterricht heute. Eine moderne Fachdidaktik. 14. Auflage. Auer Verlag. Donauwörth

Ministerium für Bildung, Wissenschaft und Weiterbildung RLP (MBWW) (1998) Lehrplan Biologie – Grund- und Leistungsfach der Gymnasialen Oberstufe. Mainz

Shosuke Yoshida et al.; „A bacterium that degrades and assimilates poly(ethylene terephthalate)". Science. 11.März 2016. DOI: 10.1126/science.aad6359

Weinert, Franz; Hrsg. (2001) Leistungsmessung in Schulen. Weinheim. Beltz

Internet

http://www.chemie.de/news/157251/bahnbrechende-entdeckung-des-ersten-kunststoffabbauenden-bakteriums.html (Stand: 25.10.2016)

Anhang

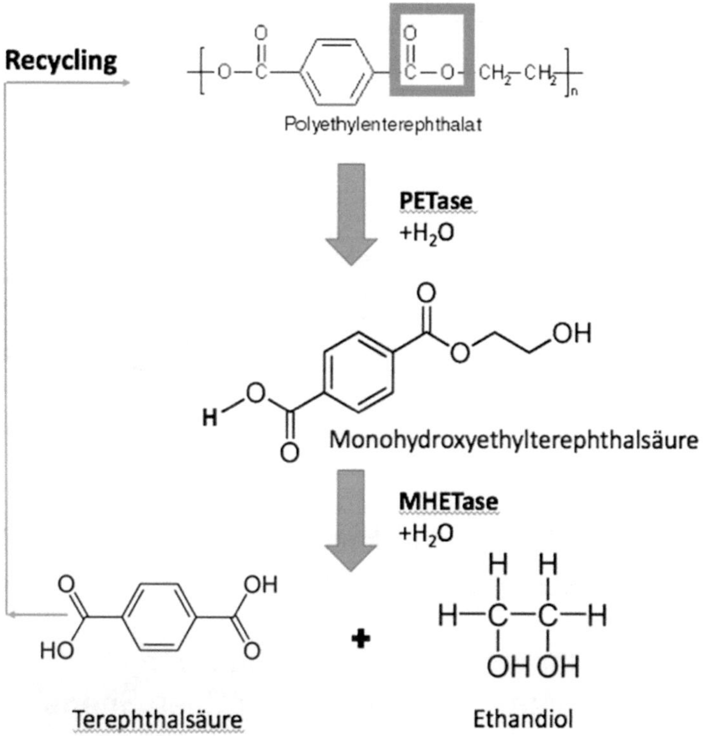

eigene Abbildung